上药有三品
不生病的生活方式

南怀瑾 讲述
南怀瑾文教基金会 编

东方出版社
The Oriental Press

图书在版编目（CIP）数据

平安就是福：南怀瑾人生日课. 上药有三品：不生病的生活方式 / 南怀瑾讲述. —— 北京：东方出版社，2024.1
ISBN 978-7-5207-3433-2

Ⅰ. ①平… Ⅱ. ①南… Ⅲ. ①南怀瑾（1918—2012）－人生哲学－通俗读物 Ⅳ. ① B821-49

中国国家版本馆 CIP 数据核字 (2023) 第 177089 号

平安就是福：南怀瑾人生日课
上药有三品：不生病的生活方式

南怀瑾　讲述

责任编辑：刘天骥　张莉娟
责任审校：曾庆全
装帧设计：陈韵佳
出　　版：东方出版社
发　　行：人民东方出版传媒有限公司
地　　址：北京市东城区朝阳门内大街 166 号
邮　　编：100010
印　　刷：北京启航东方印刷有限公司
版　　次：2024 年 1 月第 1 版
印　　次：2024 年 1 月第 2 次印刷
开　　本：787 毫米 ×1092 毫米　1/32
印　　张：18.5
字　　数：100 千字
书　　号：ISBN 978-7-5207-3433-2
定　　价：138.00 元（全四册）
发行电话：（010）85924663　85924644　85924641

版权所有，违者必究
如有印装质量问题，我社负责调换，请拨打电话：（010）85924602　85924603

目 录

上药有三品：
不生病的生活方式

長壽

第 1 则 为善最乐	01
第 2 则 看花	02
第 3 则 淡泊	03
第 4 则 与物为春	04
第 5 则 耳通气海	05
第 6 则 物来则应 过去不留	06
第 7 则 元精	09
第 8 则 无怒	10
第 9 则 诗的修养	11
第 10 则 圣人治未病	12
第 11 则 端午擦雄黄	13
第 12 则 夏至一阴生	14
第 13 则 勿贪凉	15
第 14 则 夏天不可吃冰凉	17
第 15 则 用过便休	18
第 16 则 生活的细节	19
第 17 则 一被蒙头万事休	21
第 18 则 虚不受补	22
第 19 则 上药三品	23
第 20 则 真休息	24
第 21 则 清补	26

第 22 则　28
带疾延年

第 23 则　29
止水澄波

第 24 则　31
只生欢喜不生愁

第 25 则　32
至日闭关

第 26 则　34
徐生

第 27 则　35
以病为师

第 28 则　36
暖寿识

第 29 则　37
生命的春意

第 30 则　39
欲望愈多
离道愈远

第 31 则　40
变化气质

第 32 则　42
外热内寒

第 33 则　43
情绪影响内脏

第 34 则　44
外动内不动

第 35 则　45
睡眠是最好的休息

第 36 则　46
饭后不要吃水果

第 37 则　47
冷热之间
都是致病根源

第 38 则　48
冷气要特别小心

第 39 则　50
身体和情绪的
春夏秋冬

第 40 则　51
邪风

第 41 则　52
湿气重的症状

第 42 则　53
六气

第 43 则　54
晚上要收敛

第 44 则　55
夏天易怒

第 45 则　57
心静自然凉

第 46 则　59
志与气

第 47 则 正气歌	61	第 60 则 肠胃病小秘方	78
第 48 则 气沉丹田	62	第 61 则 生气时不妨一试	80
第 49 则 志壹则动气	64	第 62 则 长寿的生活方式	82
第 50 则 跌倒之后要注意	65	第 63 则 坦然而住 得大休息	85
第 51 则 生命本身就是道	67	第 64 则 啬	86
第 52 则 心境的宁静	69	第 65 则 如何养气	87
第 53 则 补肾就是补脑	70	第 66 则 静坐修养 端容正坐	89
第 54 则 助眠的简单方法	71	第 67 则 养生与卫生	91
第 55 则 头痛医脚	72	第 68 则 肾不是腰子	93
第 56 则 单鼻呼吸	73	第 69 则 午时茶	94
第 57 则 不要晚上 户外运动	74	第 70 则 头和神	96
第 58 则 养生之道	75	第 71 则 两条腿的重要	97
第 59 则 治肺病小秘方	77		

第 72 则　　　　　　99
气结

第 73 则　　　　　　101
领子要拉高一点

第 74 则　　　　　　102
戒之在色

第 75 则　　　　　　104
疾病以减食
为汤药

第 76 则　　　　　　105
功名看气宇
事业看精神

第 77 则　　　　　　106
胎毒

第 78 则　　　　　　107
静

第 79 则　　　　　　109
动以修身
静以修心

第 80 则　　　　　　110
武

第 81 则　　　　　　111
病苦无实法

第 82 则　　　　　　112
人老心不老

为善最乐

中国有句老话:"为善最乐",这是真的,不是一句口号,也不是纯粹劝人的话。你可以就这个行为体会一下,我自己的体验是如此,你真做了一件善事,帮了人家解决了一件大事,那真舒服。这个道理是什么?善行是喜的,恶行是忧的。喜的东西是阳性的,忧愁的东西是阴性的。真做了好事,不只是精神上会感到非常愉快,身体都会舒服的。就有那么大的功效。

——《维摩诘的花雨满天》

看花

看花要看花的精神,是看一株一株的花,开得多活泼!你们看花,精神都被花吸走了;有道的人看花,把花的精神吸收来了,心目中就充满神光了。

——《孟子旁通》(中·尽心篇)

淡泊

"非淡泊无以明志,非宁静无以致远",求学问的道理,先要学会把自己的思想情绪淡化了,甘于寂寞,甘于淡泊,要安静。你天天要去玩,欲望太多,卡拉OK呀,交男朋友啊,交女朋友啊,耽误很多时间的。求学是非宁静无以致远。

——《漫谈中国文化》

与物为春

◂ 004

　　心中也没有烦恼，也没有梦，到这个境界，"而与物为春"，同万物相往来，是神仙的境界，身心永远是春天，永远年轻，永远愉悦的。"是接而生时于心者也。"这个接是接天地之灵气，换句话说，是天人相交；宇宙的生命，互相交接在一起。"而生时于心者也"，随时生生不已，心境永远是春天一样，永远常春。

——《庄子諵譁》

耳通气海

你们注意啊！尤其年纪大一点的，最好用观音法门，用耳根回转来听自己，可以长寿。为什么可以长寿？因为耳通气海，耳也通肾海，用观音法门修持，反闻闻自性，性成无上道，到达了入流亡所；耳朵、眼睛回转来，进入那个法性，自性之法流。亡所，亡掉了所听所闻的境界，也就是庄子所讲的吉祥止止。这个时候，耳目内通，"而外于心知"，怎么叫外于心知？就是不要起心动念，一个念头也不动，妄念不动，第六意识不用，而能够天上人间无所不知；把能够知道一切的能知之智，及所知之境都空掉了，之后出来的叫般若，佛学叫大智慧，大智慧能通一切法。

——《庄子諵譁》

物来则应
过去不留

一个真正修行的人怎么修？"菩萨于法，应无所住"，就是这一句话。此心应该随时随地无所住，如果你此心随时在空的境界上，那已经错了，因为你住在空上；如说此心住在光明上，或住在气脉上，都错了，因为那不是无所住。"应无所住，行于布施"，什么叫修行？念念皆空，随时丢，物来则应，过去不留；就算做了一件好事，做完了就没有了，心中不存。连好事都不存在心中，坏事当然不会去做了，处处行于布施，随时随地无所住。譬如今天，有人批评你，骂你两句，你气得三天都睡不着觉，那你早住在那个气上。今天有一个人瞪你一眼，害你夜里失眠，你早住在人家那个眼睛上了。任何境界都无所住，我们看这一边，那一边就如梦一样过去了，没有了；

回头看另一边,这一边做梦一样就过去了。

——《金刚经说什么》

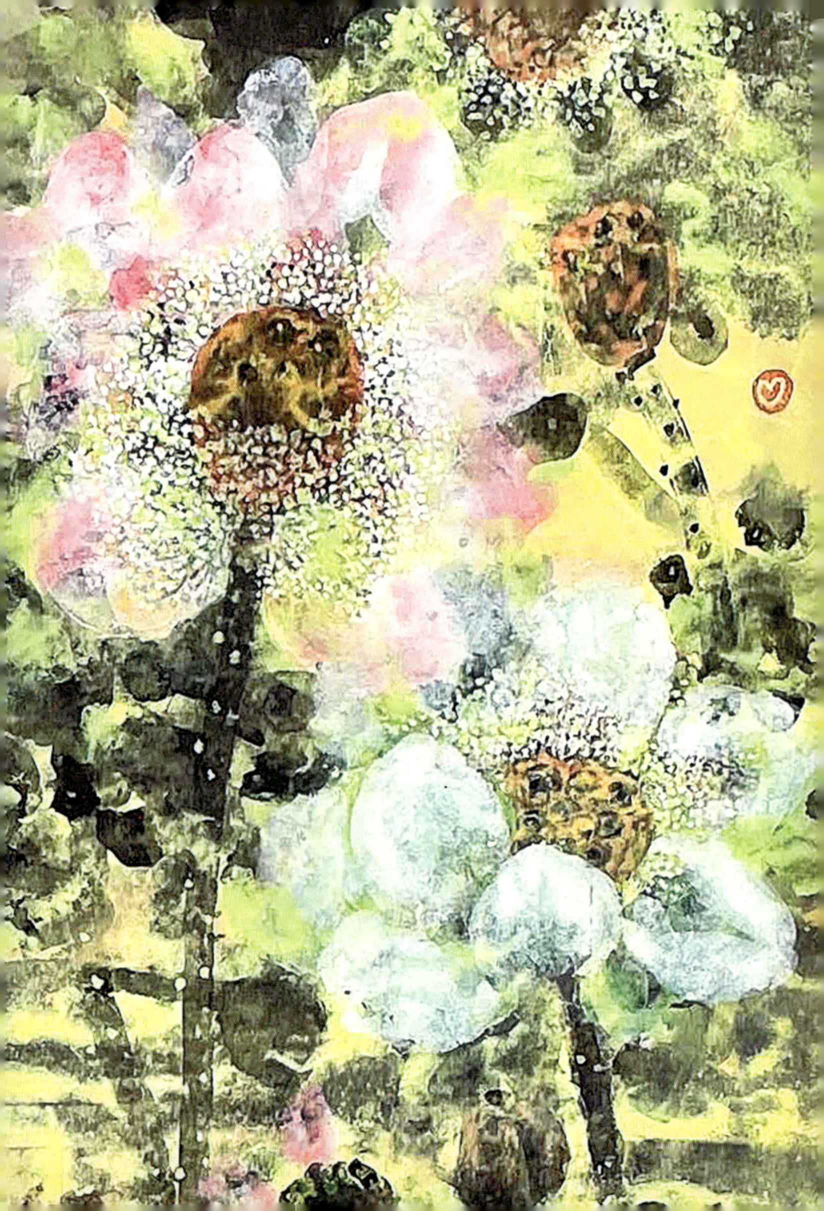

元精

◀ 007

"元(玄)精眇难睹,推度效符征。"魏伯阳真人也告诉我们,道在身上,但是炼精化气那个元精,不是有形的精虫卵脏。譬如说这个元气不发动,这个精还有没有呢?有的男性精虫不足,不会生孩子,就拼命培养精虫,这绝对是错的。只要培养元气根本,火力旺了,无形的精就会变成有形的精,就会有活力了。元精是一个气,精虫是现象,不是根本。所以学医要懂这个道理,否则头痛医头,脚痛医脚,那只能说是一个技师、医技,不是懂医理的医师。

——《我说参同契》

无怒　　　◀ 008

　　夏天是生长最重要的时候，万物繁华漂亮。那么，夜里早点睡，早晨早点起来。"无厌于日"，无厌是什么？不要过分在太阳下面活动，避开一点日晒。"使志无怒"，在心理的修养上少发脾气，怒是发脾气，换一句话说，心理上对人对事宽容，不要有怨恨的心理。夏季要善养自己的意志，无怒，阴气就可以发泄出去了。

——《小言黄帝内经与生命科学》

诗的修养

从事政治碰到人生的烦恼，西方人就付诸宗教；中国过去不专谈宗教，人人有诗的修养，诗的情感就是宗教的情感，不管有什么无法化解的烦恼，自己作两句诗，就发泄了，把情感发挥了。同时诗的修养就是艺术的修养，一个为政的人，必须具备诗人的情感、诗人的修养。我们看历史就知道，过去的大臣，不管文官武将，退朝以后回到家中，拿起笔，字一写，书一读，诗一诵，把胸中所有的烦闷都解决了。不像现在的人，上桌子打麻将或跳舞去了。这种修养和以前的修养不同了，也差远了。

——《论语别裁》

圣人治未病

"圣人不治已病治未病",在没有病的时候,有一点不对就先吃药,先把它治好;等到已经生病再治已经晚了。政治的道理也是一样,天下大乱,你来平天下,不算有功劳;能够使国家社会永远不乱,这才是大政治家。看起来没有功劳,其实功劳最大。这几句话是中国文化的精华。

——《小言黄帝内经与生命科学》

端午擦雄黄

有人问,端午节为什么擦雄黄?消毒呀!因为端午节湿度最高,是培养细菌的温床,艾草呀、放鞭炮呀、擦雄黄呀、喝酒吃大蒜呀,全是杀菌的。细菌是鬼嘛!古人不告诉你这个理由,他说赶鬼,这些鬼赶跑了就没有事啦。这个道理是"民可使由之,不可使知之",你告诉他那么多理由,他仍然没完没了问你,没有时间给他讲,照着这样做就对了。

——《我说参同契》

夏至一阴生

◀ 012

　　用《易经》的道理来看地球，乃至这个宇宙、天体和我们人类的生命，同是一个整体，生命的法则也是一样，所以五月是夏至一阴生。一阴生的现象，从人类社会中也可以看见。现在都市中由于冷暖气的影响，较不显著；试到乡下去观察，就可看到土墙房屋的墙壁，在夏至以后便发霉了，表示潮湿来了，阴气来了。人的身体保养要注意，如果多吹电扇，加上吃冰淇淋，没有不生病的，那时生病的人特别多，就是一阴生的关系。

——《易经杂说》

勿贪凉

现在人都是在冷气间里得病的,这里冷气可以很冷很冷,但是试了几天了,认为温度不能低于二十六度。冷气是给你凉快凉快,夏天要按照自然的规律,身体有一点微汗是最好,最健康了,贪着凉快会得冷气病。下午灯开多了有一点热,他们说要调一下。所以这里气温是控制的,不像一些地方,把冷气开着玩,冷得像冬天,那是死路一条,不可以的。像我坐在这里,背上在流汗,我还喜欢呢!如果不流汗,我的习惯认为生病了,那就不得了啦。

——《禅与生命的认知初讲》

上药有三品

夏天不可吃冰凉

◀ 014

如果学医的就要知道，夏天身体里面反而是寒的，我们的胃是寒的；可是大家喜欢夏天吃冰凉的东西。以养生之道来讲，修道的人不干这个事，夏天反而要喝热的，吃热的。这是地球自然的物理，夏天手伸到井里去，地下水是凉的。

所以我们讲山西人不但会发财，还聪明；你到山西那个古房子一看，有地窖，还有冰窖呢。冬天把冰放到地窖，到夏天还没有化。我们夏天觉得热，因为受大气的影响，身体体能的温度向外发散，表皮上感觉很热流汗，内部就寒了，这是养生的道理。所以很高明的医师，有时候夏天的病，不是给你吃凉药，反而是吃大热药。

——《禅与生命的认知初讲》

用过便休

◀ 015

起心动念,用过便休,没有渗漏,没有黏着。有定力的人,尽管一天忙到晚,他那个处在定的境界的本心,并没有动,并且还是光明清净。处理烦恼事,在当时现烦恼相,但心境的光明,则一点都没有动。

——《如何修证佛法》

生活的细节

◀ 016

天气热的时候,很多人生病,常看到青年同学因天热而贪凉,我告诉他小心啊!不要吃冰的东西,回来喝杯午时茶。同学们有时候笑笑,他们心里想,老师就是这样,把我们看得好像都很脆弱。过了几天,很多人都在吃药了,而我老头一点事也没有。所以说饮食气候种种,尤其在立秋、立夏这些节气前后,气候无常,一些学佛的人,应该晓得李清照的词——"乍暖还寒时节,最难将息","将息"就是保养。这是春天写的一首词,到了秋天可改为"忽冷还热时候,最难将息"。李清照就是写"寻寻觅觅,冷冷清清,凄凄惨惨……"的那位小姐。可是"乍暖还寒时节,最难将息"这两句,是很好的人生修养哲学。所以,这一首词在我们生活当中,尤其是关于修道,非常重要。你不要认为打坐可以治百病,不要忽略了生活的细节,一忽略了细节,往往变成重病。

——《老子他说(初续合集)》

一被蒙头万事休

大家学佛修道打坐有许多问题,其实都不是问题。许多年轻同学常讲,老师,我这几天睡不着。睡不着就睡不着!一天当两天用,还划不来吗!我们一辈子假使活六十年,三十年都在床上。如果三十年不睡觉,等于活了一百二十年,睡不着更好。

又有些人说,老师,我这两天光爱睡。光爱睡就让它睡!我觉得睡是人生最享受的事,我也最爱睡,可惜我没有时间睡,很可怜。我常常觉得"一被蒙头万事丢",把被子拿来一盖的时候,不空而空,不放下而放下,这是我诗里的句子。所以我常常告诉同学们,碰到最困难痛苦的时候,睡觉去,睡醒了再说,有时候事情是会转过来的。

——《我说参同契》

虚不受补　　◀018

中国人，尤其广东朋友喜欢进补的，老年人吃补品，高丽参啊一大堆！常常很多人被补药补死了，毛病都是补出来的啊！说真的，偶然要补一下的话，老年应该是补阴，不是补阳啊！高丽参这些补阳的补不得！有些人身体是虚的，虚不受补，他本来虚了，里头都是虚火，本来都在冒火，补药一下去更发炎，慢慢病倒了不可救药。

——《我说参同契》

上药三品

到了中年以后,真正的补药就是靠自己,也就是道家讲的,"上药三品,神与气精"。精、气、神怎么培养转来呢?心静、妄想少、欲念少(广义的欲)、宁静到极点时,自然"太阴真水"就培养出来,精神也就来了。

——《我说参同契》

真休息

"念休息"。这可不是光睡觉,而是万缘放下。实际上真得休息就是禅定。真得休息,可以证果,为什么?《楞严经》也告诉你八个字:"狂性自歇,歇即菩提。"中国话"歇"就是休息。大休息就可以证菩提。我们睡觉是假休息,身心皆空,万缘放下,才是真休息。身也休息,心也休息,空也休息,把空的境界都休息掉了,那才叫大休息。所谓"念休息",是要你行、住、坐、卧,随时随地,念念放下。

——《如何修证佛法》

不生病的生活方式

25

清补

冬至要吃汤圆，吃汤圆是假的，叫你注意这个时候可以配合补品了。但是有伤风感冒的话，一点补药都不能吃，有其他毛病也不能随便吃补喔！只要身体内外有一点不清爽就不能吃补，一补就把它封锁住了，病就好不了，所以要特别注意清补这个道理，清理就是补。有些人非常莫名其妙，"哎呀，老师啊！这个清补不算补。"所谓清补，不是说轻微的补药叫作清补，完全搞错了。譬如这个房间，你说墙上破了把它补一补，表面补好了，实际上里头还是破的。还不如干脆把破的清理干净，倒是个新的局面。所以真正的补是把内在的病完全清理干净，因为我们的生命功能自有生生不已的力量，生命自己会补助自己，这就是清补。

——《我说参同契》

带疾延年

◀ 022

古代修道成功的人，多半是年轻时多病的，因为多病所以肯研究自己，才成功了，反而活得长。无病无痛的人，他不在乎，所以死得快。算八字的知道，如果这人身子有点毛病反而好，"带疾延年"，反而长寿。"谁受病者"，也就是无我，这理论你都知道，到了有病的时候，你的这个"我"却比平常更难解脱，这时真要参通"无有实法"，本来空，死也空，空也空。

——《维摩诘的花雨满天》

止水澄波

◁ 023

打坐修道达到此心定下来,不一定盘腿,而是这个心像止水一样,不流动了。什么叫作定?什么叫作道的境界?古人形容只有四个字,"止水澄波"。像水一样停止不流,像秋天的寒潭一样平静。在台湾这里,我没有出去走过,没有看见,像我们江浙一带,水绿山青,古人的诗,"为爱名山入剡中",就是形容这一带的山水。这种一清到底的水,就叫作澄波。有时候看到水不流,是碧绿的青颜色,但不是死水喔!死水的绿看不到底,那是有毒的。活的水发青绿色,同树一样,那非常好看。看了这一种水,心境自然会清凉了。

所以说,水平不流,如止水澄波,人能做到,"日夜无郤",日夜都是在这种境界上,就是道德的修养。庄子很明显地告诉你方法,此心如水,不流了，杂念妄想都没有了；喜怒哀乐的水不流了，但又不是死的，而是活的；就像一面镜子一样，照见了喜怒哀乐，但是它止水澄波，不流。

——《庄子諵譁》

只生欢喜不生愁

要想长生不老，"神仙无别法，只生欢喜不生愁"，一个人天天要哈哈大笑，一天多笑几次，比你打维他命吃补药都好，一笑，脑神经就松了。你看每一个人走在街上，那个苦瓜相像银行讨债的面孔，一天到晚心里在烦恼，脸上每一个细胞都绷紧了。

——《我说参同契》

至日闭关

《易经》的复卦,"先王以至日闭关"。一年只有两个至日,冬至和夏至,一阳初生叫冬至,一阴初生叫夏至,也叫作长至日。夏至那一天白天最长,过了这一天,慢慢白天缩短了;冬至那一天白天最短,过了冬至,白天慢慢放长了。"先王以至日闭关",就是说中国传统的文化,老祖宗们懂得在至日闭关。什么叫闭关呢?斋戒、沐浴、清净,万缘放下,什么都不理,这也就是温养了,就好像婴儿刚刚生下来,放在温室里保养。这个时候阳气一来,只宜温养之,这就叫作子午温养,像培养幼苗、婴儿一样。怎么培养?不增不减,顺其自然。孟子讲"养吾浩然之气",不可揠苗助长,不能帮助它,帮助就不是温养了。

——《我说参同契》

清政弟存
有求皆苦
无欲则刚
乙丑春
南怀瑾

徐生

"徐生"的涵义,也可说是生生不息的长生妙用,它是慢慢地用。这个观念很重要。等于能源一样,慢慢地用,俭省地用,虽说能源充满宇宙,永远存在,若是不加节制,乱用一通,那只是自我糟蹋而已。"动之徐生",也是我们做人做事的法则。道家要人做一切事不暴不躁,不"乱"不"浊",一切要悠然"徐生",慢慢地来。态度从容,怡然自得,千万不要气急败坏,自乱阵脚。这也是修道的秘诀,不一定只说盘腿打坐才是。做人做事,且慢一拍,就是道理。不过,太懒散的人不可以慢,应快两拍,否则本来已是拖拖拉拉要死不活,为了修道,再慢一拍,那就完了,永远赶不上时代,和社会脱了节。

——《老子他说(初续合集)》

以病为师

修行人以病苦为师,身体太健康的不能成道,病苦是修道的亲因缘,你看看《高僧传》,看看历代的神仙传,所有有成就的人身体都不大好,十个中间有七八个少年多病。因为多病,他对人生的看法就深刻,会害怕,就追求脱离生老病死。因此得道的人多半是疾病中人,尤其是道家的人物,一个个都懂医药。因为自己多病,想要救命,久病就成良医了。

——《维摩诘的花雨满天》

暖寿识 ◂028

　　暖寿识三个是一体的……我们这个欲界的物理世界，凡是死亡的东西，一定是会冷却的，活的东西一定是暖的。

——《如何修证佛法》

生命的春意

普通人"先天一炁"从昏沉中来,你睡够了醒来的时候,将醒未醒之间,它来了,你不觉得。一来了以后,凡夫第一步欲念就来了,就入了欲界,把"先天一炁"糟蹋了。再其次的,你在将醒未醒之间,或者生重病,病快要好时是"先天一炁"来,这个东西来了,就是生命的功能,你的病一定好。可是你不知道,自己体会不出来,认识它很难,因此修道的人,万修万人都不成功。"先天一炁"随时会来,换句话说也就是活子时,冬至一阳生就是这个东西,也可以叫阳生。现在进一步讲,阳生有个现象,这个时候你自然有一种春意,生命的春意,就是"先天一炁"。什么叫春意?就是春天万物都在发生,有一种生发的力量。当这个"先天一炁"来了,学佛也好,修道也好,都要把握住这个境界。

——《我说参同契》

欲望愈多
离道愈远

一个人,世间的欲望愈多,天机愈浅,人愈聪明,本事愈大,欲望也就愈大;物质文明愈发达,人的欲望愈多,则离道愈来愈远。

——《庄子諵譁》

变化气质

由心理入手,改变心性修养的路线,确实有理,一点也没有错。但严格地说来,这还只属于"养气"和"养心"的工夫。气变而质仍未变。所谓质变,必须是连带生理功能的转变。如果只从心性修养,而不配合生理修炼到达上述"气住神闲"的境界,那么,所谓"变化气质"之道,也仅属于一句理念上的名言,而并非实际履践的恺切工夫。

——《静坐与修道》

不生病的生活方式

41

外热内寒 ◂032

夏天我们体外感到很热,这是身上的阳能向外放射,而身体的内部还是寒的,所以夏天的消化力反而没有冬天好。以现代医学来说,夏天维他命乙的消耗更多,尤其在台湾为然,试以面粉实验,在台湾的夏天,面粉中的维他命乙挥发得更快,有时候我们觉得精神不够,心里闷闷的,实际上就是维他命乙不够,要注意补充。

——《易经杂说》

情绪影响内脏

愤怒伤肝，恐惧伤肾，好乐伤心，忧患伤肺。换言之，容易发怒或脾气不好的人，便是肝气不平和的现象。容易害怕，俗话所说胆小怕事的人，便是肾气（与脑有关）不平和。嗜好过分，特别如饮食、男女方面过分，可使心脏有问题。多愁善感，或遇家庭问题，其他等等事故，心多忧患，便由肺气不平和开始，影响内脏健康。

——《原本大学微言》

外动内不动

武术是人体在运动，不过虽是外动而内心反易得静，以此求静境，也同样得到殊途同归的妙用，利用这个动静相应的道理而发明武术。凡人身体在劳动时，思绪反而不会紊乱，亦即有所寄托，若体不活动，无所事事，呆然不动，则反比死还难受，要不胡思妄想，亦不可得，孔子有言："小人闲居为不善"，足见人身心理生理之本能，自然有其相互关联互动影响的作用。

——《太极拳与静坐》

睡眠是最好的休息

一个普通人,在平日生活活动疲劳之后,必定需要休息,而最好的休息,便是靠睡眠来恢复生机。虽然睡眠与静坐的作用不同,但睡眠确是通常人顺其生命自然的一种静态。

——《静坐与修道》

饭后不要吃水果

◂ 036

饭后吃水果我是绝对不赞成,我们刚把热的东西吃下去,跟着又把凉的东西吃下去,就把它盖住了,久而久之不生病才怪。每个人的舌头吐出来都是白白的,上面都有寒气。这个水果和冰是可以吃的,但最好在平时吃,为什么一定要在饭后吃水果?这都是习惯,以为这是科学,不通!

——《我说参同契》

冷热之间
都是致病根源

　　我们冬天胃口特别好，吃火锅也好消化，这也是阳气上来。冬天外面冷，真正内热在里头；夏天阴火，外面热得不得了，肠胃反而是寒的，所以夏天胃口不好。你们夏天喜欢吃冰喝凉水，我看到就害怕，我走中国路线的，几十年如一日，夏天喝热的水，冬天可以吃冰。什么饭后吃水果啊，这些我都不干！一冷一热之间，都是致病的根源。冰凉的水果平常吃嘛！刚刚吃了热的，这冰水一浇下去，在里头冻住，可能慢慢就结块了，也许就得癌了。如果身上有真阳之火，不管癌也好，瘤也好，都会把它化掉。就怕你身上有寒火，不能发起真阳就完了。

——《我说参同契》

冷气要特别小心

◂038

一年四季气候的影响会伤到我们的五脏，尤其现在加上科学的设备，冷气，我再三强调要特别特别小心。所以这里建筑的时候我跟建筑师讲，要想一个办法，使空调有冷暖的调控，但是开冷气没有感觉。现在大概做到了，还没有做好。将来建筑科学还要进步，千万不能贪凉。你们将来开冷气啊、电风扇啊，乱开是不得了的。

——《小言黄帝内经与生命科学》

不生病的生活方式

身体和情绪的
春夏秋冬

一年四季春夏秋冬,我们身体及情绪的感觉也有春夏秋冬。跟我久了的同学就知道我有一个习惯,他们每天早上先把当天的气象报告给我。最高多少度,最低多少度,今天是什么湿度,知道了以后你就晓得穿衣服了。其实你要讲养生之道,这些通通要注意。我常常说,温度多少度上海台是讲上海的气候,到苏州到吴江又不同了,北京台是报告北京。温度湿度有科学报告,但是有一个适应温度的问题。我是怕冷,他是怕热,有时温度低了,那个怕热的觉得很凉快,这是本身适应的温度。所以我常常讲,要懂这个才科学。

——《小言黄帝内经与生命科学》

邪风

我们常常看到中医里讲邪风,或者是邪气。这个邪代表什么?哪有个风是邪的?哪个风是正的?当我们生命健康的时候,本身那个气是正的;不健康的时候,气就是邪的。医学告诉我们有寒则畏寒,身体里头有寒的,特别怕冷,感觉外面的风冷得不得了,这就叫邪风。正邪是本身的立场加以分别的……天地之气,如果你的生活原则违反了它,邪气就上来。

——《小言黄帝内经与生命科学》

湿气重的症状

"因于湿,首如裹,湿热不攘,大筋緛短,小筋弛长,緛短为拘,弛长为痿,"如果外面湿度太高,我们穿得不对,湿气就侵进来了。要注意,人的身体百分之七十是水,这个水不流畅就满了,就发湿气。我们的生命够可怜的,很痛苦,都是湿气,湿气太重时头脑不清楚,感觉头重,困住了。如果湿里头加上发炎发热,筋就软了会抽筋,或者是拉长或缩短,动不了,就像普通讲的中风那样子。实际上是伤到气,也是中风的一种。

——《小言黄帝内经与生命科学》

六气

我现在不是讲西医,是讲中医第一部要读《黄帝内经》。其中第一篇就是要人了解阴阳六气,现在的人都不相信,学中医的也不肯读,认为是空洞的理论。阴阳就是正面、反面,阴阳两个字是代号,什么事都有正反两面,是相对的。甚至每天的气候,每件事情也都是相对的。整个宇宙大气层跟着太阳月亮的行度,十二个月当中有六种变化,所以说是六气。

哪六气呢?风、寒、暑、湿、燥、火。现在假设不开冷气坐在这里,或到外面晒一下太阳,是什么感觉呢?现在梅雨季节快要过了,马上到三伏天了,就是《黄帝内经》讲的燥、热、火这个季节,身上难受,所以梅雨季到三伏天最严重。

——《禅与生命的认知初讲》

晚上要收敛

◀ 043

到了晚上就要休息，收敛。所以我们睡觉时自然地会关门窗，关门窗不是为了气，不是为了怕小偷。反正天地都在偷哦！中国有一部道书说"人为万物之盗"，这个宇宙之间通通是土匪强盗在抢，人是偷盗万物。你看吃的米啊、面啊、菜啊，什么都偷来用，现在又偷石油用等等。天地呢？万物之盗，天地也在偷，彼此一大偷，彼此伤害。所以他说，晚上要知道收敛，因为气虚了。如果违反早中晚三时之气，"形乃困薄"，身体就受损了。

——《小言黄帝内经与生命科学》

夏天易怒　　◂044

　　夏天天气很热,其实在阴阳学上叫作阴,所以阴气很多。那么我们人的阳气碰到夏天这个气候的阴气,容易烦躁,容易发脾气;这个时候精神容易破坏,使人有煎熬昏厥的感觉。

——《小言黄帝内经与生命科学》

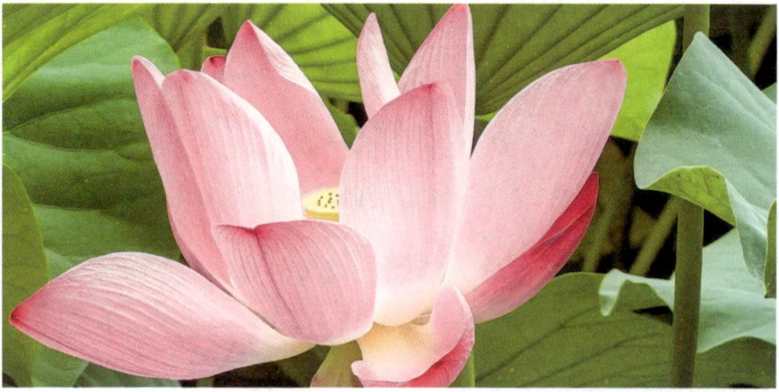

心静自然凉

中国文化一句老话"心静自然凉",要注意这个,非常重要。我还记得年轻时,站在操场看兵操练,自己站五个钟头,全身武装,还穿着皮马靴,在大太阳下,里头的汗像雨水一样的流,外面看不出来。我静静站在那里,屹然不动。

那个时候没有体会那么深,只好把自己忘了,要装英雄嘛,要领导别人,做模样。什么叫心静自然凉?对热啊、冷啊,不在乎它,不理它。你说热得不得了,想到热得不得了,你更热了,所以不能心静自然凉。你看大家因为有个老头子坐在这里给你们乱吹,一听话把这个热的观念一忘,就好多了,这是心静自然凉,修养的道理就是这样。换句话说,你碰到烦恼或危险的时候,只好放下,所以禅宗讲"放下",你不理就没有事,那就轻松多了。就是为了盖腿,为了打坐,给大家讲了那么多啰嗦的话,要大家注意。

——《禅与生命的认知初讲》

志与气

◀ 046

我们身体里面本来就充满了气,并不是由两个鼻孔吸进体内的空气才是气。身体活着的时候,内部充满了气,气是哪里来的?是意志心力合一的动元。

"夫志至焉,气次焉",气是怎么行动的呢?孟子认为心理可以影响生理,生理也可以影响心理,但是他强调以心理为主。"志至焉",就是心理为主,"气次焉",气是辅助心理而相辅相成的。所以我们心理上想到害怕时会出冷汗,这就是心理影响到生理。志怯则气虚,想到自己丢人的事,脸就红了,就是元气虚了。志一消,气就差了,想到要开刀,脸色就变了。有"恐癌"的心理病,人就先瘦下去了,所以气是志的附属品。产生气的原动力,则是意志。

孟子最后说，"持其志，无暴其气"，真正的修养，还是从内心，也就是从心理、意志的专一着手，然后使气慢慢地归元充满。这个时候，你的心理、生理，两者自然协调、融合，对事情的处理，待人处世之间，自有无比的镇定、勇气和决心，当然可以把事情处理得很好。

——《孟子旁通》（中·公孙丑篇）

正气歌

◀ 047

文天祥在刚被俘的途中,曾经服毒、投水,以图自杀,都没有成功。后来遇到一位异人,传给他大光明法,他当下顿悟,已了生死,所以三年坐牢,蚊叮虫咬,但他在那里打坐,一切不在乎。所以他说只要持心正气,一切的苦难都会过去,传染病都不会上身了,当然做元朝的宰相更算不了什么。有些学佛学道的朋友常常问念什么经、什么咒可以消灾免难、驱邪避鬼,我说最好是念文天祥的《正气歌》。可惜大家听了都不大相信,我也无可奈何!至于后世道家的咒语,便有一个根本的咒语《金光咒》,起首就是"天地玄宗,万气本根",也可以说是从《正气歌》中套出来的。

——《孟子旁通》(中·公孙丑篇)

气沉丹田 ◂ 048

　　生命活着就靠一股气,"气,体之充也",气充满在身体内部,到处都是。很多人练气功,说什么气吸进来要放在丹田,于是常有人问,气究竟是应该让它停在身体的哪个部位才叫气沉丹田呢？其实,人体就好比一个皮袋子,你说气进去了,它能停在什么地方呢？又好比轮胎打气,我们能让它停在轮胎的某一角落吗？可能吗？所以我们练气功,说是要让气停在丹田,当然不行。但是"气沉丹田"也确有其事,丹田那里的确是一鼓一鼓地动,这又怎么说呢？"夫志,气之帅也",那是意识感觉的作用。心静下来以后,能比较灵敏地感觉到气经过丹田的鼓动,并不是气都凝聚固定在丹田,否则我们的手脚和身体其他部分难道都没有气了吗？

——《孟子旁通》（中·公孙丑篇）

志壹则动气

◁ 049

"志壹则动气,气壹则动志",意志专一了以后,可以引动并指挥生命内部气机的作用。也就是说,心念动了,气机随着动,就是"志壹则动气"。现在的人,吃得好,生活紧张,中年以后多半患高血压症。如果不太注意它,心理放轻松,血压自然会降低;否则,越注意自己的血压,心理越紧张,血压就越高。这就是"志壹则动气"的道理。

——《孟子旁通》(中·公孙丑篇)

跌倒之后要注意 ◂ 050

我常常告诉人，一个人跌伤了，尤其吩咐你们年轻女同学做妈妈的，孩子跌倒在地上，没有哭之前不要抱起来，你一抱算不定这个孩子闭气死了。所以看到孩子们跌倒，老太太们就叫旁人不要动！不要动！等一下！等一下！等到孩子"哇"一哭，好，可以抱了，他气通过了，一阳来复。刚跌下去时精神受了恐吓，身体的气脉各部分不顺了，你一去抱，气岔断就危险了。成年人也一样，看到别人跌倒在地，不能马上去拉他，先过去看他鼻子呼吸慢慢调整好了，才能起来。尤其照顾老年人要特别注意，怎么样？痛吧？唉，很痛。他能够开口就是他气通了，你大胆可以扶他起来了。真的跌伤了是不晓得痛的，等到药下去慢慢哓得痛了,有救了,这个伤快要好了。

——《我说参同契》

生命本身就是道　　◂051

　　道，也不是你修得出来的，生命本身就是道，合于道的法则。那么我们修道呢？理解这个本身就是道的法则，顺其自然就是看住它怎么变化，让它自然去，千万不要加以做主，只要把它看住就是了。《心经》说"照见五蕴皆空"，就是照住，看见，让它随便跑。等于一岁的小孩子刚学走路，你就看住他，跌一跤没有关系，自己起来，只是照应住，不要加以主导。

——《我说参同契》

月到上方諸品淨
心持半偈萬緣空

心境的宁静

儒家说"养气",道家说"炼气",佛家说"修气";儒家说"存心养性",佛家说"明心见性",道家说"修心炼性"。对于心性之学,非常奇怪,三家的见解都相同。修气也好,养气也好,炼气也好,怎么修?怎么炼?怎么养呢?要经常保持自己心境的宁静,所谓没有妄想,把呼吸自然之气,修养到不来不去"息"的境界,那么生命永远年轻,自己就在成长;失去了养气的境界,生命就衰老死亡。

——《孟子旁通》(下·告子篇)

补肾就是补脑

◂053

为什么人到了几十岁,头发白了,牙齿掉了?尤其你们诸位眼睛容易近视。本篇首先说到生命来源,诸位都看过原文了吧?本篇有"肾气衰竭",我们身体上有两个腰子叫作肾,属于肾气这一部分。由于肾气衰竭,所以生命能力不强了,头发白了,牙齿掉了,人也老了,这是本篇里头所讲的。这就显现出大问题了。

现在我们提出肾的问题,如果普通学医的读了这一篇,就想到心、肝、脾、肺、肾,那完全没有对。譬如说中国有些药说补肾,其实补肾就是补脑,肾跟脑连在一起。读医学要特别注意,如果认为只是补肾,那是个大笑话。

——《小言黄帝内经与生命科学》

助眠的简单方法

道家有个办法,不管老年中年或是少年,失眠时,把身体蜷起来睡,变成婴儿状态,两个脚缩拢来,两手也抱起来,容易睡着,这是勉强使心肾的气交。交就是连起来接上电了,这样可以睡着。

——《我说参同契》

头痛医脚

◀055

　　了解了五行的相生相克的道理，就会明白中医不是头痛医头的原因。一个人感冒咳嗽了，肺部有了麻烦。肺是金，要想帮助金增加力量，必须先去扶助土，因为土能生金，土是脾胃，所以说一定要同时调理脾胃，并顾及肾水及大小肠。

　　事实上，金（肺）有毛病，一定会连累到土及水，所以肺有了咳嗽，胃气绝对不适，肾气也受肺金的影响，而引起耳鸣。中医的理论根据了五行，在治疗的时候，要找到病源之所在，彻底地设法，所以不是头痛医头，而成为头痛时，反来医治其他的部位了。

——《易经与中医》

单鼻呼吸

现在讲一个瑜伽术，你们最好能练单鼻呼吸，尤其是坐办公桌用脑筋的朋友，很伤神的，中午以前最好常练习用左鼻子呼吸，没事的时候你就用手很自然的托住右边面颊，拿食指不着痕迹地堵住右鼻孔，这样子同事们根本不会知道你在搞什么气功。过了中午，反过来多用右鼻子呼吸。

我这里只是教你们多用，可不是教你们一直用啊！要不然你们干脆拿棉花球把鼻子一堵，不是更省事吗？这个方法你们不妨一试，包你们身体健康。这是一般道家、密宗们，自认是不传之秘的初步方法。尽管有些人反对这样说出来，但我认为是对人类健康有利的事，用不着守密，应该公开。

——《孟子旁通》（中·公孙丑篇）

不要晚上户外运动　　◀ 057

春天是生长的季节，万物欣欣向荣。"夜卧早起，广步于庭。"早晨起来多运动，我也常常告诉许多学禅的运动家，尤其现在人，学武功的、学禅的，白天没有时间，晚上到公园到树林，打拳练武功。我说你不要命啦！

什么意思呢？夜里在公园山林里，吸的都是碳气；因为草木到了夜里放出碳气，早晨起来放的是氧气。结果非要夜里去练不可，真的有意思！这个需要懂得啊！

——《小言黄帝内经与生命科学》

养生之道

学生：请问老师，能否给我们讲讲养生之道。

南师：我不养生。忘掉身体，忘掉自己，甚至忘记了寿命长短，忘记时间、空间。你越是搞身体，希望它长寿，越糟糕。我告诉你的是真话，是原则。

从我这几年的健康体验来看，确实如此，你越在乎身体，越得不到健康，身见越严重，身体一有点风吹草动也会惊恐不安。

——《漫谈中国文化》

上药有三品

治肺病小秘方

有一个方法可以治肺病，就是晒太阳，很多人也晒好了。夏天头要盖好，就是把背部肺这一节让太阳晒，晒得皮焦了，脱皮了，慢慢的肺部的细菌也杀死了，这个是十九世纪靠太阳晒肺病。二十世纪威胁人的是癌症，也靠太阳治的，现在照的钴六十也是太阳能量之一，不过还没有自然的太阳好。二十一世纪快来了，癌症将来很快就有对症的药，不怕了。不过二十一世纪的麻烦是精神病，现在已经开始了。青年同学们注意，这个不要传染上，因为无药可救。所以这个乡下人他好像发了神经病，告诉太太，背上晒太阳是那么舒服，可惜世界上没有人知道。

——《列子臆说》

肠胃病小秘方

◀ 060

大约二十几年前,日本人发明的温灸器,放在肚脐上,暖暖的,可以治肠胃病。这是日本人把中国道家的老方法拿出来卖钱,这个在道家叫灸脐法。其实用不着那个,我教你们,年纪大的都可以用,比较保险。

用桂圆肉一颗(新鲜的叫龙眼,干的叫桂圆),花椒六、七颗,加上那个艾绒一同打烂,晚上睡觉的时候挑一点点,小指甲面那么大,放在肚脐里就行了。

你不要小看我们的肚脐,肚脐会吸收的。大陆当年有些吃鸦片的人,政府禁烟,抓住了要关起来,所以不敢抽啦,就把鸦片烟膏放肚脐上,效果差不多。

肚脐有个孔,我们在娘胎里头的饮食、呼吸

都靠这个肚脐连到妈妈。所以把这个药放在肚脐，用橡皮贴把它封住去睡觉，比那个温灸器还要好。胃病也好，各种病都好，老年人的身体绝对保健康，身体需要就吸进去了，不要的它不吸。

这样就会水火交感了，继续二三天后，早晨起来嘴也不苦啦，口也不干啦，肠胃病都会好了。这个是真的秘方，你们也可以替人家治病，不过不要收钱，我公开讲的你们去卖钱，那不太好啊！

——《我说参同契》

生气时不妨一试

有一位老朋友,脾气很暴躁,来台湾以后,我问他脾气好些没有,他说脾气更大了,问我有没有办法。

我说有一个办法很简单,你做到的话,包你有用处。当你要发脾气的时候,你赶快做个气功,把嘴巴一张先吐一口气,再用鼻子吸口气,咽下去,再说要不要发脾气。

他照做了,过了一个多月来看我,他说:"嘿!你的话真有效。当我要发脾气的时候,我把嘴一张,吐口气,再把气一咽,就没气了。"这是个好办法,当你要发脾气时,你告诉自己停一秒钟,忍一下,忍不住的,你干脆做个气功,嘴一张,呼一口气。那真有气耶!

人生气时,硬是有一口气,不是假的。人

生气，气机就变了，经脉也乱了。

——《孟子旁通》（中·公孙丑篇）

长寿的生活方式

◂ 062

儒家所讲的圣人,"处天地之和",不修道,不做工夫,生活于自然之间。"从八风之理",不过注意冷暖气候的调整,注意卫生及个人身体的环境保养。"适嗜欲于世俗之间",一样地喝酒吃饭吃肉,还有嗜好;换句话说,一样地抽烟喝酒吧!(众笑)但是有个条件,心理上没有仇恨人,没有发脾气,没有恼怒,绝对没有嗔恨的心理;在佛学里讲就是有慈悲心,有爱人的心。

"行不欲离于世被服章",所以呢,也不出家,同普通人一样穿衣吃饭。"举不欲观于俗",但是他的行为略有不同,不像普通社会一般人,拼命去赚钱,拼命去做官,他都避开了。"外不劳形于事",尽量做到生活恬淡、清静。"内无思想之患",不但没有仇恨怨尤的心理,他的思想是非常宁静专一的。"以恬愉为务",每天都是快乐的,人生是乐观的。

"以自得为功",自由自在地生活。"形体不敝,精神不散,亦可以百数",有这样的修养,身体不会衰老,精神不会散失,病不医也自然好了。也不要怕睡不着,睡不着也不管了,一切恬愉乐观就好了。这样呢,他说也可以活一百岁。

——《小言黄帝内经与生命科学》

上药有三品

坦然而住
得大休息

明代苍雪大师的诗说：南台静坐一炉香，终日凝然万虑亡。不是息心除妄想，只缘无事可思量。事实上，当我们心中无事，意识不起作用，当下忘却"所知"的分别活动，好像空空洞洞愣住一样，这便是"心"的现象。

通常一般人，尤其是大忙人，偶然一刹那之间，也都会碰到这种情况。不过，一般人碰到这种情况时，反而会起恐怖，自己会怀疑自己脑子有问题，或是心脏停止活动。不免自寻烦恼，凭一知半解的医学常识，找医生，量血压，检查心电图，大多就因为自起恐慌而真的生病了。事实上，这起因是一种人我自己的心理病。如果在这种状况中，坦然而住，反而得大休息。

——《原本大学微言》

啬 ◂064

"治人事天，莫若啬"，这里老子告诉我们，做人做事要节省，说话也要节省，废话少说，乃至不说。不做浪费的事，集中意志做正当的事，这是对精神的节省，对生命的节省。一个人修道，欲求长生不老，方法很简单，就是不浪费生命，少说废话，少做不必做的事，办事干净利落，简单明了。

——《老子他说（初续合集）》

如何养气

065

养气对身体健康是绝对有利的。那么大家一定问我：怎么养气呢？其实很简单，用不着学那些稀奇古怪的气功，只要保持内心平静，不拘在什么地方，不论是在办公室，或者是在马路上，走路走疲劳了，停下来，做两下养气工夫，精神就来了。

怎么做这养气工夫呢？不要用鼻子吸气做气功，马路上灰尘大，空气脏，所以我们在都市千万不要用鼻子呼吸做气功，只要心境宁静，不必用耳朵去听，只要感觉到呼吸的往来就好了。我们本来就有呼吸，不必再用意去练习，或者对呼吸加以控制管理，只要感觉到我们原有的呼吸状况就好。如果感觉到什么地方不顺有阻碍的话，只要思想继续宁静下来，静上一段时间，自然就调和顺畅了。这是最好的方法，不要再特地做什么工夫。

——《孟子旁通》（中·公孙丑篇）

静坐修养
端容正坐

静坐的外形很多,你们初学坐不一定要学七支坐法,你们就在藤椅上这样坐着,两腿放正,两手放腿上面,这是儒家的坐姿,叫作"端容正坐"。你看古人坐在木椅子上,一定是端容正坐的姿态。我们六七岁读的《千字文》,有"形端表正"四个字,形体很端正,不是挺胸,是腰要正直。腰是生命的根本,练武功打少林拳、太极拳,重要的是腰力。我们生命上下两个部分,就是在腰这里转折,腰正身体就正。你看我们很多同学还没有到中年耶,坐下来身体歪七扭八、弯腰驼背,不然就觉得难过,像这样的话,健康早就出了问题。你看以前清朝宫廷的教育,还有蒙古、西藏一带有些地方,他们从小的教育,比较注重要坐得端正。在中国文化传统习惯是不坐软床椅的，坐软的床椅脊椎容易变形，变形就容易生病，所以现在的沙发床、沙发椅非常害人，像我从小到现在睡的都是硬板的床。

——《廿一世纪初的前言后语》

养生与卫生

《黄帝内经》有个主要的观念,与道家讲的相同,生命重要的是养生,保养,不是卫生。西方文化讲卫生,是消极的。卫是保卫,防御。养生是积极的,把现有的生命再加培养,自己来培养。这里讲的是养生学,不是卫生……

我们现在讲《黄帝内经》,并不偏向于医药方面,而是偏重于人的生命、养生方面。西方文化讲卫生,我已经讲过那是消极的。我们中国讲养生是积极的,自己保养自己变成健康,活着的时候永远是快乐的。卫生是出了问题时去防止的,养生不是防止,在《黄帝内经》里头,很多有关养生的问题,都是讲心物一元的道理。

——《小言黄帝内经与生命科学》

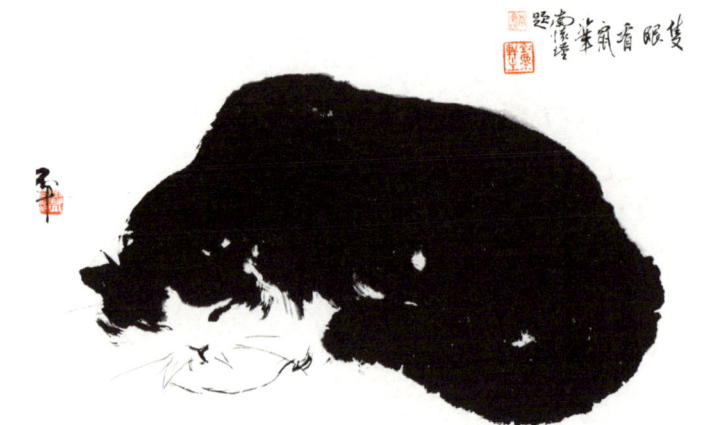

只眼看鼠辈

南怀瑾题

肾不是腰子

◀ 068

去看中医的时候,往往会听到"肾亏"啦!要补一补"肾"才行啦!使病人联想到猪肉架上挂的一对腰子。炒腰花真好吃,这一对腰花,正是生理解剖上所说的肾脏。但是中医与道家所说的"肾",绝对不是单指那一对腰子。

中医的"肾"是指人体的副肾、分泌腺、性神经,以及丹田内外与下部机能有关的总称。

如果将"肾"比腰子,那真是一错三千里了。

——《易经与中医》

午时茶

当我们疲劳不堪,气脉不通,头昏脑涨,昏昏沉沉的时候,顶好喝碗午时茶(并非中医店里制成的午时茶)。

人到了"午"时,正是"子"时的对方,处于和"子"时相反的状态。

这也是夏至一阴生,生命到了衰败的时候。

在这个时候,千万要注意温养,不可强迫自己再坚持五分钟,也许不到五分钟,拉满的弦就会断了。

所谓温养,就是保持的意思。子午温养,卯酉沐浴。

庄子所说斋心,就是沐浴的意思,是把心境洗清,把心中的杂念洗净。

中年以上的人都已到了"午"时,要赶快从

"午"起修，先修回"子"时。

从抽象的理论来讲，等于说从形而上开始，修到形而下，不像年轻人，是从形而下开始，修向形而上。

——《易经与中医》

头和神

人的身体分为三部,分别代表了精气神。

神的主要在头部,气的主要在胸部,精的主要在下部。

按照《无根树》的说法,人是无根的。

人真是无根吗?不,人的根在上面,在人身所代表的,脑部是神,人的根却从脑部上行,入于虚空。

所以人的根是在虚空之中,也是神识的根。

在针灸的原理上来说,头为诸阳之首,是最重要的地方,也代表了"神"。

——《易经与中医》

两条腿的重要　◀071

人体的下肢多么伟大，真是不可想象。

婴儿睡在摇篮里，不停地在举着他的两腿，左右上下地摇动着，像舞蹈一样，但却从来不知道累。

《内经》中提到，婴儿的气是在两腿。

人到了中年，两腿的力量就减弱了，腿的活动也无形中减少了，喜欢坐在沙发上，常常休息自己的两腿。

到了老年，更不堪设想，坐在沙发还不够，两条腿还要跷在桌子上才行，因为人体是从脚下面开始衰老的，人的死也是逐渐进行的，由脚开始而上行。

在佛学的唯识理论中，谈到了"识""暖""寿"是一体的，人体的冷触一旦开始，渐渐就变为麻痹。

所以,一个人的两腿无力,就是衰老的开始,换言之,如果一个老人,两腿依然发暖,两腿仍然有力,就证明是长寿的现象。

——《易经与中医》

气结

很多病都是气的问题。譬如癌症,肝癌、肠癌,一切的癌症,不是另外有个东西,而是他原来的气结起来,打结了。所以中文有一句很有意思的形容,当听到一件事情,很刺激自己,文学上常常形容四个字:"为之气结",呼吸停掉,气在那里打结。这个气慢慢在肝啊,心啊那里打结了,慢慢变成瘤啊,变成癌了,于是其他的细胞就死亡,气不通了。人体的自律神经系统,如果失调,两只手发抖,拿不动东西;还有些"中风",半边风瘫,那都是气结在那里走不通。

——《南怀瑾与彼得·圣吉》

重庆石林寺佛教居士林
入世出世皆通悟
人道佛道两圆成
辛巳初春
乐清
南怀瑾谨贺

领子要拉高一点

◀ 073

"其传为风消",譬如说伤风一进来,鼻子受凉,消就是深入严重了。我常常告诉年轻人,把领子拉高一点,尤其现在女孩子爱漂亮,受西方的影响,袒胸露背。我们中国人以前领子是高的,现在是越露得多越好,是时髦漂亮。

——《小言黄帝内经与生命科学》

戒之在色

少年戒之在色,就是性的问题,男女之间如果过分的贪欲,很多人只到三四十岁,身体就毁坏了。有许多中年、老年人的病,就因为少年时的性行为,没有"戒之在色",而种下病因。

中国人对"性"这方面的学问研究得很周密,这是在医学方面而言,但是很可怜的,在道德上对这方面遮挡得太厉害,反而使这门学问不能发展,以致国民健康受到妨碍。

据我所了解,过去中小学几乎没有一个青少年不犯手淫的,当父母的要当心!当年德国在纳粹时代,青少年都穿短裤,晚上睡觉的时候将手绑起来放在被子外面,这是讲究卫生学,为了日耳曼民族的优越。这样做法,虽然过分了，但教育方面大有益处。

——《论语别裁》

疾病以减食为汤药

中国人喜欢吃,肠胃都吃坏了,而很多病都是肠胃堵塞,中气不足所引发的,要少病就得使肠胃健康。

一般人如果一星期中,一天一夜不吃饭,清理清理肠胃,那是非常好,非常合乎生理卫生。因此,伊斯兰教有斋戒月;天主教、基督教真讲修持的也有不吃饭的一天;学瑜伽术的人,一个礼拜也禁食一天,很健康。

中国佛教的丛林制度是百丈禅师创立的,他也告诉你:"疾病以减食为汤药",不管什么病,先要把肠胃清理一番,比吃什么药都好。

——《药师经的济世观》

功名看气宇
事业看精神

一个人即使有才具、有学问,但没有良好的体能、没有充沛精力,也免谈事业。一个人做事业,必须要强健的体力,饱满的精神。

所以孔子说,对人生看法有了改变,天下事实在并不简单。有人有思想、有能力、有才具,他却一辈子做不好事业,因为他的精力不足、精神不够。所以曾国藩的相法便说:"功名看气宇,事业看精神。"

——《论语别裁》

胎毒

◀077

婴儿生下来，现在医学很昌明，助产士把脐带一剪断，立即用带着手套的手，把婴儿嘴里的秽物先挖出来。那个东西叫作胎毒，泥巴一样的气味不好，要全部挖干净，否则婴儿哇一声哭出来，这团东西就吞下去了。许多人身体生来就不好，就是因为口中没有挖干净的关系，这是在胎儿时累积起来的毒垢。我的研究也有很多看法，许多中年人罹患癌症等疾病，与这个胎毒有些关系。

——《老子他说（初续合集）》

静

生命的能源从哪里来的？是从静态来的，从空来的。所以我们在妈妈肚子里十个月的生命，是静态的。为什么我们白天忙碌，到夜里要睡觉呢？因为需要静态。脑筋不休息不行的。以前的宗教，人跪在那里祷告一下，或者坐在那里，心里宁静一会儿。

再譬如人病了，必须要去医院，为什么呢？不是医院的医生药物把你治好，是靠自己休息过来的，药物只是一种帮助。所以说，很多很多的道理，都说明静态的重要。

——《南怀瑾与彼得·圣吉》

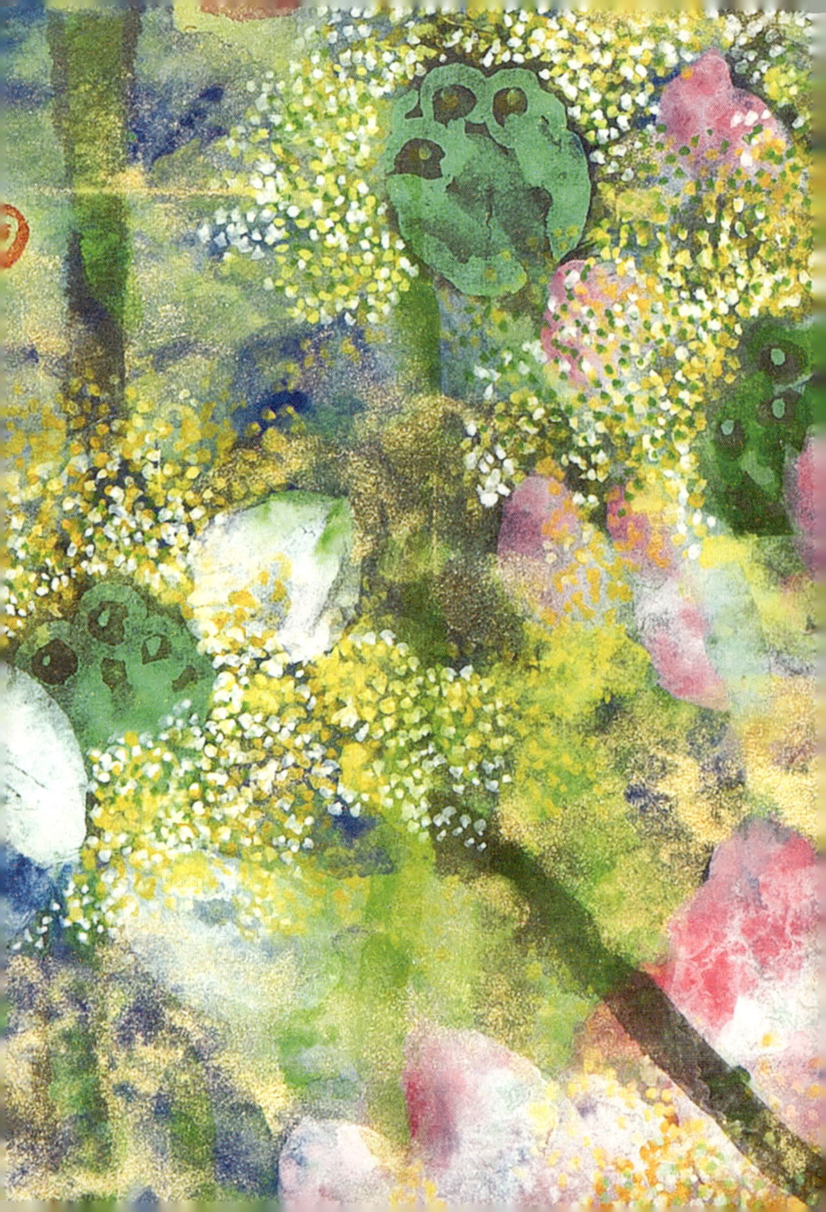

动以修身
静以修心

中国文化讲修身养性,是身和心两个方面。静坐修心是一方面,这个要有一定的工夫才能做到;一般做不到修心的,就必须起来应用。

所以有一句话"动以修身",运动是在修身;"静以修心",打坐是修心;"身心两健",身体健康了,心理也健康了;"动静相因",动是静的因,静也是动的因,动静互相为因果。

——《廿一世纪初的前言后语》

武

◀ 080

中国文化几千年，始终不肯去征服别人，只有抵抗侵略。

这个"武"字是"止"和"戈"二字合并，意思是停止战争。但是中国也发展战争的技术，等于一颗钉子打到木头上，拿不出来又下不去，只好拿另外一颗钉钉下，把它打出来，就是这个道理。

所以中国的武功，由体能的活动、身体的瑜伽，变成武功，变成少林拳、太极拳等等。中国真正武的方面，由身体的武功变成气功，就是练"安那般那"；然后变成内功，就是打坐，静坐的内养；然后变成道功；最后是禅功。

——《南怀瑾与彼得·圣吉》

病苦无实法

肉体上的病还没什么严重,最严重是心理的病。比如感冒了头痛,你心里觉得好像越来越痛,那就真不得了啦!了解了这个心理,就解脱了,知道都是一念来的,这一念是虚的,是自己欺骗自己,是"无有实法"的,都不真实的。你现在用力掐你的腿一下,觉得痛吗?你那个能知道自己痛的,是不会痛的,不要被骗了。你将来生病了,就用这个办法对治,你懂了就解脱了。痛、苦是没有实法的。

——《维摩诘的花雨满天》

人老心不老　　　◀ 082

　　我们人的生命，由年轻到中年，到老病，到死亡，都在变；可是有一个不变的，人老心不老，你那个能思想的"能"还是一样。"有影不移"，变动的是影像，不是真实的生命。

——《列子臆说》